விளம்பரங்கள்

வி.எஸ்.ரோமா

Copyright © V. S. Roma
All Rights Reserved.

ISBN 978-1-63997-143-5

This book has been published with all efforts taken to make the material error-free after the consent of the author. However, the author and the publisher do not assume and hereby disclaim any liability to any party for any loss, damage, or disruption caused by errors or omissions, whether such errors or omissions result from negligence, accident, or any other cause.

While every effort has been made to avoid any mistake or omission, this publication is being sold on the condition and understanding that neither the author nor the publishers or printers would be liable in any manner to any person by reason of any mistake or omission in this publication or for any action taken or omitted to be taken or advice rendered or accepted on the basis of this work. For any defect in printing or binding the publishers will be liable only to replace the defective copy by another copy of this work then available.

பொருளடக்கம்

1. அத்தியாயம் 1 — 1
நான் — 11

1

அறிமுகம்

கற்குகைளில் வாழ்ந்த மனிதன் இன்று கணினியோடு இணைந்த புதிய வியாபார உலகில் வாழ்ந்து கொண்டிருக்கிறான்.

ஆரம்ப காலங்களில் மனிதன் இயற்கையோடு ஒன்றிணைந்த வாழ்க்கை வாழ்ந்தான்.

இயற்கையில் கிடைத்த வளங்களை கொண்டு தமது உணவு,உறைவிடம் ஆகிய தேவைகளை நிறைவேற்றிக் கொண்டான்.

காலப் போக்கில்தமக்குத் தேவையானவற்றைத் தாமே உற்பத்தி செய்து, அவனுடைய தேவைகளை நிறைவு செய்தான். தன்னுடைய தேவைகளின் நிமித்தம் அவனது உளம் திருப்தியடையவில்லை.

தமக்குத் தேவையான எல்லாத் தேவைகளினையும் நிறைவேற்றக் கூடிய வகையில் உற்பத்தி செயற்பாடுகளை அவனால் மேற்கொள்ள முடிவில்லை. நாளுக்கு நாள் மனிதத்தேவைகளின் வட்டம் விரிவடைந்தது. தன்னைப் போல் பிறரும் பல பொருட்கள் சேவைகளின் மீதான தேவையுடைவர்களாக இருப்பதனையும் கண்டு கொள்கிறான்.

இவ்வாறு சிந்தனை செய்த மனிதன் முதன் முதலாக 'பண்டமாற்று முறை' எனும் வணிக செயற்பாட்டில் ஈடுபட்டான். பின்னர் பணமுறை, கைத்தொழில் புரட்சி, தகவல் தொழில்நுட்பபுரட்சி ஆகிய கட்டங்களின் கீழ் வளர்ச்சியடைந்த வணிகம், பல மாற்றங்களினைச் சுமந்து இன்று பாரிய ஒரு துறையாக உலகை வலம் வருகிறது.

'வணிகம்'அல்லது 'வர்த்தகம்'என்பது மனிதனது தேவைகளையும் விருப்பங்களையும் நிறைவேற்றும் இலாப நோக்குடைய அல்லது இலாப நோக்கற்ற ஒரு பொருளாதார செயற்பாடாகும்.

வணிகமானது நாளாந்தம் மனித நடவடிக்கைககளில் ஒரு பகுதி-யாகவும், சமூகத்தில் இரண்டறக் கலந்த ஒன்றாகவும் காணப்படுகிறது. இன்றைய வணிக செயற்பாடுகளானது சமூகத் தேவைகளினை நிறைவு செய்வதை விட, இலாப நோக்கத்தையே மையமாகக் கொண்டுள்ளது. வணிகம் என்பது வியாபாரத்தையும் அதன் துணைப் பணிகளான போக்-குவரத்து, வங்கியியல், காப்பீடு, பண்டகக் காப்பகம், தகவல் தொடர்பு, விளம்பரங்கள் போன்ற பிற நடவடிக்கைகளையும் உள்ளடக்கியது. இவ்-வாறாக வணிகத் துறையில் பிரதானமான அங்கமாக விளம்பரங்கள் அடையாளப்படுத்தப்படுகிறது.

'விளம்பரம்'என்பது ஒரு பொருளினதோ அல்லது சேவையினதோ அறிமுகத்திற்காக அந்த அந்தநிறுவனங்களினால் அல்லது ஊடகங்க-ளினால் மேற்கொள்ளப்படும் அனைத்துசெயற்பாடுகளையும் குறிப்பிட-லாம். அதாவது, தகுதியுள்ள வாடிக்கையாளர்கள், உற்பத்தியாளர்களின் பொருட்களை அல்லது ஒரு குறிப்பிட்ட வகைத் தயாரிப்புக்களைஅல்லது சேவைகளை அதிக அளவில் வாங்க உற்பத்தியாளர்களினால் உண்-டாக்கப்பட்டதொடர்பு சாதனமே விளம்பரம் ஆகும்.

19 ஆம் நூற்றாண்டின் இறுதி மற்றும் 20 ஆம் நூற்றாண்டின் தொடக்கத்தில் ஒட்டுமொத்த உற்பத்திகள் அதிகமானதைத் தொடர்ந்து நவீன விளம்பரங்கள் முன்னேற்றமடைந்தன. ஒரு குறிப்பிட்ட நிறுவனத்-தினால் கண்டுபிடிக்கப்பட்ட 'வடிவம்' மூலம் அந்த குறிப்பிட்ட சாதனங்-கள், சேவைகளின் கொள்முதலினை அதிகரிக்கும் வகையில் அதிக விளம்பரங்கள் வடிவமைக்கப்படுகின்றன. சில விளம்பரங்கள் உற்பத்தி-யாளர்களினுடைய விடாப்பிடியான செய்தியைச் சில சமயங்களில் உண்-மையான தகவல்களுடன் வாடிக்கையாளர்களிடம் சேர்த்து விடுவதுண்டு.

தொலைக்காட்சி, வானொலி, திரைப்படம், பத்திரிக்கைகள், செய்தித் தாள்கள், வீடியோ விளையாட்டுக்கள், இணையத்தளம், சாமான் தரும் பைகள், விளம்பர அட்டைகள் என பல வழிமுறைகளினூடாக விளம்-பரப்படுத்தல்கள் சமூகத்தில் ஊடுருவுகின்றன. இவ்வாறு வியாபாரச் செயற்பாட்டினுடைய வித்தாக காணப்படும் விளம்பரங்கள் சமூகத்தில் நல்ல பல விளைவுகளுக்கு காரணமாக இருந்தாலும் மறுபுறம் அவை பல்வேறு வகையான ஒழுக்க மீறுகைகளையும் ஏற்படுத்துகின்றது.

விளம்பரங்களின் பிரயோகத்தன்மை

ஒரு புதிய பொருளினுடைய சந்தை வரவினை அறிமுகப்படுத்தி வைப்பது விளம்பரம் ஆகும். "விளம்பரங்கள் இல்லையேல் வியாபாரம் இல்லை." என்ற நிலையில்தான் இன்றைய வணிக உலகம் இயங்கிக் கொண்டிருக்கிறது. சில அடிமட்ட நிலையில் வாழ்கின்ற மக்களும் அதாவது பொருளாதாரத்தில் கீழ் நிலையில் காணப்படும் மக்களும் உயர்தரமான பொருட்கள் எவை என அறிந்து கொண்டு, அதனை அவர்களும் பயன்படுத்தும் நிலைக்குக் கொண்டு செல்கின்ற ஒரு செயற்-பாட்டினை விளம்பரங்கள் ஆற்றுகின்றன. போலிப் பொருட்களினைத் தரமான உயரிய பொருட்களில் இருந்து பிரித்தறிய உதவுவதாக விளம்-பரங்கள் காணப்படுகின்றன.

அதே போல் பொருட்களினை உற்பத்தி செய்கின்ற நிறுவனத்தினது உண்மையான உழைப்பின் வெளிப்பாடு என்பதும் விளம்பரத்திலே தங்கி-யுள்ளது எனலாம்.

விளம்பரப்படுத்தலில் பல விடயங்களினை மக்கள் அறிந்து கொள்ள முடிகின்றது. குறிப்பிட்ட பொருளின் உண்மையான குறியீட்டுப் பெயர், அதனது விலை, பாவனைக்காலம், அவற்றினது உபயோக நன்மை, அதன் மூலம் கிடைக்கப் பெறும் சலுகைகள், ஏனைய பொருட்களினை விட அந்தப் பொருளின் தரம் போன்ற பல்வேறு விடயங்களையும் ஒரு நுகர்வோன் இவ்விளம்பரங்களின் மூலம் அறிந்து கொள்ள முடியும்.

அத்தோடு குறிப்பிட்ட பொருளின் தெரிவு தொடர்பில் நுகர்வோன் ஒரு பூரண சுதந்திரமான தெரிவினை மேற்கொள்பவனாக மாற்றமடை-கின்றான். இன்று வருமானம் கூடிய வகுப்பினர் தொடக்கம், வருமானம் குறைந்த வகுப்பினர் வரைக்கும் பயன்படுத்தக் கூடிய வகையில் பல உற்பத்திப் பொருட்கள் சந்தைக்கு வருகின்றன. எனவேதான் வருமானம் குறைந்த வகுப்பினர் கொள்வனவு செய்யக்கூடிய வகையில் உற்பத்திகள் காணப்படுகின்றன என்பதனை விளம்பரங்கள் அறிவூட்டுகின்றன.

தொழில்நுட்பமானது தனது வளர்ச்சியினை உற்பத்திப் பொருட்களின் ஊடாக வெளிப்படுத்துகிறது எனலாம். எனவேதான் உலக மக்கள் அனைவரையும் விளம்பரம் என்பது புதிய தொழில்நுட்பத்துடன் கூடிய உற்பத்திப் பொருட்களினை நுகர்வு செய்யத் தூண்டுவதன் ஊடாக மக்-

கள் அனைவரையும் தொழில்நுட்ப அறிவு படைத்தவர்களாகவும் மாற்றுகின்றது எனலாம்.

இதற்குச் சிறந்த ஒரு எடுத்துக்காட்டாகக் கையடக்கத் தொலைபேசியினைக் குறிப்பிடலாம். ஒவ்வொரு நாளும் சந்தைக்கு வரும் உற்பத்திப் பொருட்களின் எண்ணிக்கை எண்ணில் அடங்காது. இவ்வாறு சந்தைக்கு வரும் பொருட்களின் விளம்பரப்படுத்தல்கள் பல இளம் புத்தாக்க உற்பத்தியார்களையும் கண்டுபிடிப்பாளர்களையும் உருவாக்குவதற்கான ஒரு தூண்டுகோலாக விளங்குவதனையும் காணலாம்.

ஒவ்வொரு வியாபார அமைப்புக்களும் தங்களது பொருட்களின் விளம்பரப்படுத்தலின் ஊடாக தமது வியாபாரத்தை அதிகரிக்கின்றன.

இவ்வாறுவியாபாரத்தினை அதிகரிக்க உற்பத்தியினை அதிகரிக்கின்றமையினால் இலாபத்தின் உச்சத்தினை வியாபார அமைப்புக்கள் பெற்றுவிடுகின்றன. இத்தகைய ஒரு நிலை அந்த குறிப்பிட்ட வியாபார தளத்தில் வேலை செய்யும் ஊழியர்களுக்கான சம்பள மட்டத்தினையும் வேலைவாய்ப்புக்களையும் அதிகரிக்கலாம்.

மேலும் விளம்பரப்படுத்தல்களின் மூலமான உற்பத்தி அதிகரிப்பு குறிப்பிட்ட நாட்டினைப் பொருளாதார மற்றும் அபிவிருத்தி ரீதியாக முன்னேற்றமடையச் செய்யும். அதே போல் சர்வதேச வர்த்தக விரிவாக்கமும், அதன் மூலமாக நன்மைகளினையும் ஒவ்வொரு நாடும் நுகர முடியும். வெளிநாடுகளில் இருந்து முதலீடுகள் உள்வரக்கூடிய சூழலினையும் உருவாக்கலாம்.

குறிப்பிட்ட நாடு குறித்த பொருளின்உற்பத்தியில் சிறப்புத் தேர்ச்சியடையவும் வழிவகுக்கலாம். இவ்வாறு தனி ஒருநபரினுடைய அல்லது தனி ஒரு அமைப்பினுடைய உற்பத்தி சார்ந்த விரிவாக்கத்தின்செயற்பாடான விளம்பரப்படுத்தல்கள் ஒட்டு மொத்த நாட்டிற்கும் நன்மை அளிக்கக்கூடிய பணியினை ஆற்றுவதனைக் காணலாம்.

விளம்பரங்களின் ஒழுக்க மீறுகைகள்

நன்மை சார் பாதையில் விளம்பரங்கள் ஒரு புறம் பயணித்தாலும் மறு பாதையில் அவை ஒழுக்க மீறுகைகளை ஏற்படுத்துகின்றன. விளம்பரங்களின் ஒழுக்க மீறுகைகளுக்கு பெருமளவில் பாதிக்கப்படுபவர்கள் நுகர்வோர்கள் ஆவர். மண்ணில் ஜனனிக்கும் ஒவ்வொரு மனிதனும் நுகர்வோன் ஆகுவதற்கான தகுதி கொண்டவன். நேர்மையான செயற்-

பாடுகளுடன் ஆரம்பமாகிய வணிகமானது உயர்ந்த அளவில் வளர்ச்சியடைந்து கொண்டு சென்ற அதே வேளை அதனோடு சேர்த்து மனிதப் பேராசையினையும் அதிகரித்தது.

இலாபம் எனும் மாயையில் உற்பத்தியாளர்கள் வீழ்ந்ததன் விளைவுதான்; இன்று விளம்பரங்கள் ஊடாக ஒழுக்க மீறுகைகளாக வெளிப்பட்டு பிரச்சினைகளை உண்டாக்குகின்றன. இன்றைய வணிகச் செயற்பாடுகளில் கலப்படம், பொருட்களின் எடை மற்றும் அளவு குறைதல், அதிக விலைக்கு விற்றல், தரமற்ற போலிகளை விற்றல் என்று பல தவறான முறைகள் கையாளப்படுகின்றன. இத்தகைய உற்பத்திகள் சந்தையில் ஏராளமாய் இருக்கின்றது.

இவ்வாறான இலாப அணுகுமுறையினை வியாபார நிறுவனங்கள் விளம்பரங்களின் ஊடாக பிரதிபலிக்கின்றன.

வெளியீடு செய்யப்படுகின்ற விளம்பரங்கள் உண்மைத் தன்மையுடையனவா? என்ற கேள்வி பெரும்பாலானவர்களின் மனதில் உள்ளது. அந்த அளவிற்கு விளம்பரங்கள் போலித் தன்மையுடையனவாகக் காணப்படுகின்றன. எனவே, இத்தகைய விளம்பரங்களினால் நுகர்வோர்கள் குறித்த பொருளின் பயனில் ஏமாற்றத்தினை அடைகின்றனர். போலிப் பொருட்களின் விளம்பரங்களினால் நுகர்வோர்கள் கவரப்படுகின்றனர்.

விளம்பரப்படுத்தல்களானது

பல வயதுப் பிரிவினரையும் பாகுபாடு இன்றி உளரீதியான தாக்கத்திற்கு உட்படுத்துகின்றது. அதாவது, ஒரு குழந்தையின் மூலம் ஒரு விளம்பரப்படுத்தல் காட்சிப்படுத்தப்படும் போது அதனை பாரக்கும் ஏனைய குழந்தைகள் ஏன்? தாம் அவ்வாறு இல்லை என உளரீதியான தாக்கத்திற்கு உள்ளாவர்.

இதே போனறுதான் ஏனைய வயதுப் பிரிவினரையும் மையப்படுத்தி விளம்பரங்கள் முன்வைக்கப்படும் போது அத்தகைய வயதுக்குட்பட்ட பிரிவினர் உளரீதியில் தாக்கமடைவர். விளம்பரங்களானது இன்று குழந்தை தொழிலாளர்களைப் பயன்படுத்துகின்றது.

சிறிய குழந்தைகளை விளம்பரப்படுத்தல்களில் பயன்படுத்தித் தவறிழைக்கின்றது. சொக்லேட், சிறியவர்களுக்கான மா வகைகள், குளிர்களி பானங்கள் மற்றும் இதுபோன்ற சிறுவர்களோடு சம்மந்தப்பட்ட பொருட்களின் உற்பத்திகளுக்காகச் சிறுவர்களையே பிரதானமாகப் பயன்படுத்துகின்றனர்.

1979 ஆம் ஆண்டு நுகர்வோர் பாதுகாப்புச் சட்டமானது கொண்டுவரப்பட்டது. குழந்தைகளினை விளம்பரப்படுத்தல்களில் பயன்படுத்தத் தடைகளும் விதிக்கப்பட்டது. ஆனால் நடைமுறையில் அவை அழிந்து போன சட்டங்களாகவே இருக்கின்றது.

பெண்கள் சார்ந்த அவர்கள் பிரத்தியேகமாக பயன்படுத்தும் சில பொருள் உற்பத்திகள் விளம்பரங்கள் மூலம் காட்சிப்படுத்தப்படுகின்றது. இது பெண்களின் மனதில் ஒரு சஞ்சல உணர்வினை ஏற்படுத்துகின்றது எனலாம். இதனை விடவும் விளம்பரங்கள் கலாசார சீர்கேடுகளை ஏற்படுத்தவதில் முதன்மையான தொழிற்பாட்டைப் புரிகிறது என்றால் அது மிகையாகாது.

அந்த வகையில் மேலைத்தேய கலாசார உடைகளுக்கான விளம்பரங்கள் இலங்கை மற்றும் இந்தியா போன்ற நாடுகளில் பெருமளவுக்கு மக்களைக் கலாசாரச் சீர்கேடுகளுக்கு ஆளாக்குகிள்றது. இதனால் ஒவ்வொரு குடும்பத்திலும் கலாசாரச் சீர்கேடு குறித்த ஆடைத் தெரிவுகளில் ஏற்படும் வாக்கு வாதங்கள் பல சர்ச்சைகளை உண்டாக்குகின்றது. எனவே உறவுகளில் விரிசல்கள் ஏற்படவும் வழிகோலுகின்றது.

மக்களது சேமிப்புக்களை சுரண்டுபவையாக விளம்பரங்கள்திகழ்கின்றன.

மக்கள் நுகர்வுகளுக்கு அடிமையாகக் கூடிய வகையில் குறைந்த விலைகளில் உற்பத்திகள் மேற்கொள்ளப்பட்டு விளம்பரங்கள் காட்சிப்படுத்தப்படுவதனால் கொள்வனவாளர்களின் சேமிப்பு குறைவடையும் நிலை தோன்றும்.

சில விளம்பரம்படுத்தல்களில் ஒரு பொருள் வாங்கினால் ஒரு பொருள் இலவசம் என்று கூறப்படுவதுண்டு. வியாபாரி இரண்டு பொருட்களுக்குமான பணத்தையே அறவீடு செய்வான். இதனை நம்பி நுகர்வோன் ஏமாறுவதனால் தன்னுடைய மேலதிக பணத்தினை வீணாக்க

நேரிடலாம். விற்பனையாளன் இலாபத்தையே பிரதானமாக கருதுவான். எனவே இலவசம் என்னும் வார்த்தை வீண் வார்த்தையான ஒன்றுதான் என்று நுகர்வோன் உணர்வதில்லை.

போட்டி நிறைந்த சூழலில் வாழ்ந்து கொண்டிருக்கின்றோம். வணிக செயற்பாடுகள் மட்டும் விதிவிலக்கானவையா?; நாள் தோறும் வியாபார நிறுவனங்கள் இலாபம் பெறும் நோக்கத்திற்காக ஒன்றை ஒன்று போட்டி போட்டுக் கொள்கின்றன

.போட்டிச் செயற்பாடுகள் விளம்பரங்களின் ஊடாக வெளிக்காட்டப்படுகின்றன.

சிலருரிமைச் சந்தைகளில் நிறுவனங்கள் விளம்பரப்படுத்தலை தனது வியாபார உத்தியாகப் பயன்படுத்துவதனையும் காணலாம்.

நிறுவனங்கள் ஒன்றை ஒன்று எதிர்த்து போட்டி போட்டு விளம்பரப்படுத்தல்களை மேற்கொள்கின்ற போது ஏனைய தமக்கு போட்டி உடைய பொருளினை தம்முடைய உற்பத்திப் பொருளோடு ஒப்பிட்டு கேவலப்படுத்துகின்றன. அதனால் பல சிக்கல் நிலைகள் தோன்றுகின்றன.

சாதாரணமான வாழ்க்கை வாழ்கின்ற மக்களினை ஆடம்பர வாழ்க்கைக்குள் அழைத்துச் செல்கின்றவையாக விளம்பரங்கள் காணப்படுகின்றன.

விளம்பரப்படுத்தல்களில் ஆடம்பர பொருட்களின் காட்சிப்படுத்தல்கள் மக்களைத் தூண்டி விடுகின்றது. தாமும் ஏன்? இப்படி ஆடம்பரமாக வாழக்கூடாது என்ற நிலையினை அவர்கள் உள்ளத்தில் விதைக்கின்றது. இவ்வாறு ஆடம்பர வாழ்க்கைக்கு மக்களை உட்படுத்திய விளம்பரங்கள் நாளடைவில் கடன் எனும் வலைக்குள் மக்களை சிக்க வைத்து அடிமைப்படுத்துவனவாகவும் மாறிவிடுகின்றது.

இக்கடன் பிரச்சினையானது குடும்பம் முதல் ஒட்டு மொத்த நாட்டினையும் பாதிக்கின்றது. சில வேளைகளில் விளம்பரங்களானது பொருளாதாரத்தில் கறுப்புச் சந்தை, பதுக்கி வைத்தல் போன்ற நிலைகளுக்கும் காரணமாக அமைந்து விடுகின்றது.

உற்பத்தி செய்யப்பட்ட பொருட்கள் அனைத்தும் சந்தைக்கு வருவதில்லை. உற்பத்தியாளர்கள் தாம் எதிர் பார்க்கின்ற விலையானது சந்தையில் நிலவுகின்ற போதுதான் உற்பத்திகள் சந்தைக்கு வரும். எனவேதான் போட்டிப் பொருட்களின் விளம்பரப்படுத்தல்களினால் ஏதோ ஒரு

வகையில் பாதிக்கப்படும் ஒரு நிறுவனம் தமது சந்தைப்படுத்தலுக்கான சந்தர்ப்பத்தினை எதிர்பார்த்திருக்கும். இதனால் முற்று முழுதாக பாதிக்கப்படுபவர்கள் நுகர்வோர் ஆவர்.

விளம்பரப்படுத்தலானது உற்பத்தி நிறுவனங்களினுடைய உற்பத்தியை அதிகரிக்கும் நிலையில் அத்தகைய உற்பத்தி நிறுவனங்கள் பல்தேசிய கம்பனி என்ற அளவிற்கு உயரிய வளர்ச்சி காணும் நிலை தோன்றலாம். இதனால் குறிப்பிட்ட நிறுவனத்தின் இலாபம் வெளிநாடுகளுக்குக் கொண்டு செல்லப்படும்.

பார்க்கும் இடமெல்லாம் விளம்பரங்கள் காட்சிப்படுத்தப்படுவதனால் மக்கள் சில வேளைகளில் சலிப்புத் தன்மையுடையவர்களாக மாற்றமடைகின்றனர். உதாரணமாகத் தொலைக்காட்சிகளில் விளம்பரங்கள் காட்சிப்படுத்தப்படும் போது, அதை சலிப்போடு வெறுக்கின்றவர்களும் உருவாகின்றனர்.

இவ்வாறாக விளம்பரப்படுத்தல்கள் என்பது சந்தைக்குப் புதிய பொருட்களினை மக்களுக்கு காட்டுவனவாக இருந்தாலும் கூட பல்வேறு ஒழுக்க மீறுகைகளினையும் சமூகத்தில் ஏற்படுத்துவதனை காணலாம்.

எனவேதான் விளம்பரப்படுத்தல்கள் என்பது நன்மை, தீமை என்ற இரு முனைவுகளிலும் கூரானதாகவே காணப்படுகின்றது.

விளம்பரம் துணை கொண்டே வணிகம் கட்டியெழுப்பப்படுகின்றது. விளம்பரங்கள் இல்லாத பொருட்களே இல்லை எனலாம். இத்தகைய விளம்பரங்களானது சமூகத்திற்கும், அச் சமூகம் சார் மக்களுக்கும் பல நன்மைகளினைத் தந்த போதிலும் பல்வேறு வகையான ஒழுக்க மீறுகைகளையும் தன்னகத்தே கொண்டுள்ளது எனலாம். எனவேதான் விளம்பரங்களின் ஒழுக்க மீறுகைகள் என்பது கோட்பாட்டு ரீதியில் ஆராயப்பட வேண்டியது அவசியமாகும்.

விளம்பரங்கள்

விளம்பரம்' என்பது ஒரு பொருளினதோ அல்லது சேவையினதோ அறிமுகத்திற்காக அந்த அந்த நிறுவனங்களினால் அல்லது ஊடகங்களினால் மேற்கொள்ளப்படும் அனைத்து செயற்பாடுகளையும் குறிப்பிடலாம். அதாவது, தகுதியுள்ள வாடிக்கையாளர்கள், உற்பத்தியாளர்களின் பொருட்களை அல்லது ஒரு குறிப்பிட்ட வகைத் தயாரிப்புக்களை அல்லது சேவைகளை அதிக அளவில் வாங்க உற்பத்தியாளர்களினால்

உண்டாக்கப்பட்ட தொடர்பு சாதனமே விளம்பரம் ஆகும்.

உண்மைத்தன்மையுடையனவாக அமைக்கப்படுவது ....முக்கியமான விடயமாகும்.

இலாபம் எனும்போதையில் மூழ்கும் உற்பத்தியாளர்கள் வெளியீடு செய்யும்விளம்பரப்படுத்தல்களின் உண்மைத் தன்மையினைப் பரீசீலிக்கவும், நுகர்வோர்களைப் பாதுகாக்கவும் பல அமைப்புக்கள் இருந்தும் அவை இத்தகையஒழுக்க மீறுகைகளைக் கண்டு கொள்ளாதது வேதனைக்குரிய விடயமே.

எனவே இத்தகையஅமைப்புக்கள் ஒழுங்கான முறையில் செயற்பட்டு நுகர்வோரினைப் பாதுகாக்கநடவடிக்கை எடுப்பதோடு உண்மைத் தன்மையுடன் கூடிய விளம்பரங்களினை இனி வரும்நுகர்வோர் சமூதாயம் நுகர வழிவகை செய்யட்டும்.

குறிப்பிட்ட நாடு குறித்த பொருளின்உற்பத்தியில் சிறப்புத் தேர்ச்சியடையவும் வழிவகுக்கலாம். இவ்வாறு தனி ஒருநபரினுடைய அல்லது தனி ஒரு அமைப்பினுடைய உற்பத்தி சார்ந்த விரிவாக்கத்தின்செயற்பாடான விளம்பரப்படுத்தல்கள் ஒட்டு மொத்த நாட்டிற்கும் நன்மை அளிக்கக்கூடிய பணியினை ஆற்றுவதனைக் காணலாம்.

நான்

வாசகர்ளால் நான்
வாசகர்களுக்காக நான்

முற்போக்கு எழுத்தாளர் வி.எஸ்.ரோமா - கோயம்புத்தூர்
+91 82480 94200
20 புத்தகங்கள் எழுதியுள்ளேன்
விருதுகள் பல பெற்றுள்ளேன்.
கதை , கவிதை, கட்டுரை, நாவல் பொன்மொழி, நாடகம் எழுதுவேன்.

என்
எழுத்து
என் மூச்சுள்ள வரை
என் வாசிப்பே
என் சுவாசிப்பு
என்றும்

எழுதிக் கொண்டிருக்க வே
என் ஆசை

நான் திருமணமே செய்து கொள்ளாத பெண்மணி என்பதில் எனக்கு மகிழ்வே.

என் எழுத்துக்கு முழு ஒத்துழைப்பு கொடுப்பவர்கள் என் பெற்றோர்களே.

தந்தை
கா சுப்ரமணியன் _ தாசில்தார் - ஓய்வு

தாய்.
சு. கிருஷ்ணவேணி

என் பெற்றோர்களே
என்
எழுத்துக்கும்
எனக்கும் முழு ஒத்துழைப்பு தருகின்றவர்கள் என்பதில் எனக்கு மகிழ்ச்சியே.

நான் ரோமா ரேடியோ
என்ற பெயரில் எஃப் எம் ஆரம்பித்துள்ளேன்.

என்
எழுத்து
என் ரோமா வானொலி மூலம்
எங்கும் ஒலிக்க
எட்டு திக்கும் ஒலிக்க
என் ஆவல்.

பெண்களை
பெரிதாக நினைத்துப்

பெரும் மகிழ்ச்சியடைந்து
பெருமைப் படுத்த வேண்டும்.

முற்போக்கு எழுத்தாளர்
வி.எஸ். ரோமா
Roma Radio
கோயம்புத்தூர்
+91 82480 94200

www.ingramcontent.com/pod-product-compliance
Lightning Source LLC
Chambersburg PA
CBHW021546200526
45163CB00015B/2472
* 9 7 8 1 6 3 9 9 7 1 4 3 5 *